数学文化

李大潜　主编

复数在初等几何中的应用

Fushu zai Chudeng Jihe zhong de Yingyong

王培甫　张惠英

中国教育出版传媒集团

高等教育出版社·北京

图书在版编目（CIP）数据

复数在初等几何中的应用 / 王培甫，张惠英编. ——
北京：高等教育出版社，2023.8（2024.5重印）
（数学文化小丛书 / 李大潜主编. 第四辑）
ISBN 978-7-04-060442-9

Ⅰ.①复… Ⅱ.①王… ②张… Ⅲ.①复数−普及读
物 Ⅳ.①O1-49

中国国家版本馆 CIP 数据核字（2023）第 079842 号

策划编辑	李　蕊	责任编辑	李　蕊	封面设计	杨伟露
版式设计	徐艳妮	责任绘图	黄云燕	责任校对	胡美萍
责任印制	存　怡				

出版发行	高等教育出版社	网　　址	http://www.hep.edu.cn	
社　　址	北京市西城区德外大街 4 号		http://www.hep.com.cn	
邮政编码	100120	网上订购	http://www.hepmall.com.cn	
印　　刷	中煤（北京）印务有限公司		http://www.hepmall.com	
开　　本	787mm×960mm　1/32		http://www.hepmall.cn	
印　　张	2.375			
字　　数	39 千字	版　　次	2023 年 8 月第 1 版	
购书热线	010-58581118	印　　次	2024 年 5 月第 2 次印刷	
咨询电话	400-810-0598	定　　价	12.00 元	

本书如有缺页、倒页、脱页等质量问题，请到所购图书销售部门联系调换
版权所有　侵权必究
物 料 号　60442-00

数学文化小丛书编委会

数学文化小丛书总序

　　整个数学的发展史是和人类物质文明和精神文明的发展史交融在一起的。数学不仅是一种精确的语言和工具、一门博大精深并应用广泛的科学，而且更是一种先进的文化。它在人类文明的进程中一直起着积极的推动作用，是人类文明的一个重要支柱。

　　要学好数学，不等于拼命做习题、背公式，而是要着重领会数学的思想方法和精神实质，了解数学在人类文明发展中所起的关键作用，自觉地接受数学文化的熏陶。只有这样，才能从根本上体现素质教育的要求，并为全民族思想文化素质的提高夯实基础。

　　鉴于目前充分认识到这一点的人还不多，更远未引起各方面足够的重视，很有必要在较大的范围内大力进行宣传、引导工作。本丛书正是在这样的背景下，本着弘扬和普及数学文化的宗旨而编辑出版的。

　　为了使包括中学生在内的广大读者都能有所收益，本丛书将着力精选那些对人类文明的发展起过重要作用、在深化人类对世界的认识或推动人类对世界的改造方面有某种里程碑意义的主题，由学有专长的学者执笔，抓住主要的线索和本质的内容，由浅入深并简明生动地向读者介绍数学文化的丰富内涵、数学文化史诗中一些重要的篇章以及古今中外一些著名数学家的优秀品质及历史功绩等内容。每个专题篇幅不长，并相对独立，以易于阅读、便于携带且尽可能降低书价为原则，有的专题单独成册，有些专题则联合成册。

希望广大读者能通过阅读这套丛书，走近数学、品味数学和理解数学，充分感受数学文化的魅力和作用，进一步打开视野、启迪心智，在今后的学习与工作中取得更出色的成绩。

李大潜

2005 年 12 月

目 录

复数作为一种工具，在高等数学、大学物理中有广泛的应用. 然而在中学阶段，它只作为数系的拓展结果而被简单介绍. 近年来，在中学数学教学中开始关注运用复数知识解决问题，复数方法的优越性已逐步得到显示.

复数可以描述平面向量及平面上的点，复数的加、减运算与向量的合成与分解本质上一致，它的乘、除法更可表示图形绕定点的旋转及变换. 从复数的表示方法上看，如果它的代数形式与点的直角坐标相对应，那么它的三角形式就可以与点的极坐标相对应，而复数的指数形式更具有书写简洁、处理方便的特点. 复数方法实际上汇集了各种方法的长处.

对于数学中的某些结论，如二次曲线方程在坐标系旋转变换下的不变量问题，用直角坐标固然可以证明，但相当复杂且显得有些神秘，而如果采用复数形式表达，看起来就直观多了.

因此，系统探讨如何进一步运用复数知识并充分发挥其在初等几何中的作用，是一项有意义的工作，本书就是在这方面的一个尝试.

一、复数的基本知识

1. 复数的概念及其几何意义

我们知道, 为了完全解决一元二次方程求解的问题, 前人已把实数集扩充到了复数集, 且每一个复数都能表示成

$$z = a + b\mathrm{i} \quad (a, b \in \mathbf{R}, \mathrm{i}^2 = -1) \qquad (1.1)$$

的形式, 而 a 为其实部, b 为其虚部. 当 $b = 0$ 时, $z = a$ 为实数; 当 $b \neq 0$ 时, $z = a + b\mathrm{i}$ 为虚数 (当 $a = 0$ 时, z 为纯虚数). 由于任何一个复数 $z = a + b\mathrm{i}$ $(a, b \in \mathbf{R})$ 都由有序实数对 (a, b) 唯一确定, 设 O 为平面直角坐标的原点, 而点 $Z(a, b)$ 与平面向量 $\overrightarrow{OZ} = (a, b)$ 也是一一对应的, 因此我们把点 Z 叫做复数 $z = a + b\mathrm{i}$ 的对应点, 向量 $\overrightarrow{OZ} = (a, b)$ 叫做复数 $z = a + b\mathrm{i}$ 的对应向量. 从而有

$$\text{复数 } z = a + b\mathrm{i} \xleftrightarrow{\text{一一对应}} \text{复平面上的点 } Z(a, b)$$
$$\xleftrightarrow{\text{一一对应}} \text{向量 } \overrightarrow{OZ}. \qquad (1.2)$$

我们规定相等向量表示同一个复数, 且将向量 $\overrightarrow{OZ}$ 的模叫做复数 $z = a + bi$ 的模, 其值为 $\sqrt{a^2 + b^2}$, 记作 $|z|$.

如图 1, 对于向量 $\overrightarrow{Z_1Z_2}$, 根据向量的运算法则,

$$\overrightarrow{Z_1Z_2} = \overrightarrow{OZ_2} - \overrightarrow{OZ_1},$$

所以向量

$$\overrightarrow{Z_1Z_2} = z_2 - z_1.$$

把实部相等、虚部互为相反数的两个复数叫做互为共轭复数. 复数 z 的共轭复数记作 $\overline{z}$, 容易发现 $|z| = |\overline{z}|$.

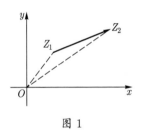

图 1

2. 复数的代数形式及其运算

通常把 $z = a + bi \ (a, b \in \mathbf{R})$ 称为复数的代数形式. 类比实数的运算, 结合复数与其对应向量的关系, 我们可定义复数代数形式下的四则运算.

设 $z_1 = a + bi, z_2 = c + di$ 为任意给定的两个

复数, 则规定

$$(a + bi) \pm (c + di) = (a \pm c) + (b \pm d)i. \quad (1.3)$$

容易证明复数的加法满足交换律及结合律. 即设 z_1, z_2, z_3 是任意给定的三个复数, 有

$$z_1 + z_2 = z_2 + z_1,$$
$$(z_1 + z_2) + z_3 = z_1 + (z_2 + z_3). \quad (1.4)$$

利用多项式的乘法法则, 并注意到 $i^2 = -1$, 可以规定复数乘法法则如下:

$$(a + bi)(c + di) = ac + bci + adi + bdi^2$$
$$= (ac - bd) + (ad + bc)i.$$

复数的除法是其乘法的逆运算, 从而当 $c + di \neq 0$, 即 $c^2 + d^2 \neq 0$ 时, 有

$$(a + bi) \div (c + di) = (a + bi)\frac{c - di}{(c + di)(c - di)}$$
$$= \frac{ac + bd}{c^2 + d^2} + \frac{bc - ad}{c^2 + d^2}i,$$

即成立

$$(a+bi)(c+di) = (ac-bd)+(ad+bc)i,$$
$$(a+bi) \div (c+di) = \frac{ac+bd}{c^2+d^2} + \frac{bc-ad}{c^2+d^2}i \quad (c+di \neq 0).$$
$$(1.5)$$

由复数乘法的运算法则, 容易证明复数的乘法满足交换律、结合律和乘法对加法的分配律. 即设 z_1, z_2, z_3 是任意给定的三个复数, 则

$$z_1 z_2 = z_2 z_1,$$
$$(z_1 z_2) z_3 = z_1 (z_2 z_3), \tag{1.6}$$
$$z_1 (z_2 + z_3) = z_1 z_2 + z_1 z_3.$$

3. 复数的三角形式及其运算

如图 2, 由复数 $z = a + bi$ 与向量 $\overrightarrow{OZ}$ 的一一对应关系及三角函数的知识, 设 $|z| = r$, $\angle xOZ = \theta$, 容易得到

$$a = r \cos \theta,$$
$$b = r \sin \theta, \tag{1.7}$$
$$a^2 + b^2 = r^2,$$

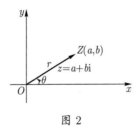

图 2

从而有

$$z = a + bi = r(\cos \theta + i \sin \theta). \tag{1.8}$$

这里 $\theta = \angle xOZ$ 称为复数 z 的辐角,并把 $0 \leqslant \theta < 2\pi$ 时的值称为复数 z 的辐角主值,记作 $\arg z$. $z = r(\cos\theta + \mathrm{i}\sin\theta)$ 称为复数 z 的三角形式.

复数在三角形式下也有四则运算,特别是复数在三角形式下的乘、除运算有其明显的几何意义.

设

$$z_1 = r_1(\cos\theta_1 + \mathrm{i}\sin\theta_1),$$
$$z_2 = r_2(\cos\theta_2 + \mathrm{i}\sin\theta_2),$$

根据复数的乘法法则以及两角和的正弦、余弦公式可以得到

$$z_1 z_2 = r_1(\cos\theta_1 + \mathrm{i}\sin\theta_1) \cdot r_2(\cos\theta_2 + \mathrm{i}\sin\theta_2)$$

$$= r_1 r_2[\cos(\theta_1 + \theta_2) + \mathrm{i}\sin(\theta_1 + \theta_2)]. \quad (1.9)$$

由此,我们不难发现复数乘法的几何意义 (图 3). 把复数 z_1 对应的向量 $\overrightarrow{OZ_1}$ 按逆时针方向旋转角 θ_2 ($\theta_2 > 0$; 如 $\theta_2 < 0$, 就要把 $\overrightarrow{OZ_1}$ 绕点 O 按顺时

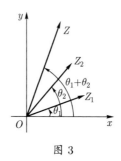

图 3

针方向旋转角 $|\theta_2|$），再把它的模变为原来的 r_2 倍，得到的向量 $\overrightarrow{OZ}$ 所表示的复数就是 $z_1 z_2$.

类似地，

$$\frac{z_1}{z_2} = \frac{r_1}{r_2}[\cos(\theta_1 - \theta_2) + \mathrm{i}\sin(\theta_1 - \theta_2)]. \quad (1.10)$$

由此相应地可以说出复数除法的几何意义.

4. 复数的指数形式及其运算

由前所述的复数的三角形式

$$z = r(\cos\theta + \mathrm{i}\sin\theta),$$

其中 $r = |z|$，θ 为 z 的一个辐角. 当 $|z| = r = 1$ 时，就有

$$z = \cos\theta + \mathrm{i}\sin\theta.$$

令

$$\mathrm{e}^{\mathrm{i}\theta} = \cos\theta + \mathrm{i}\sin\theta, \quad (1.11)$$

容易验证

$$\mathrm{e}^{\mathrm{i}(\theta_1+\theta_2)} = \mathrm{e}^{\mathrm{i}\theta_1}\mathrm{e}^{\mathrm{i}\theta_2} \quad (1.12)$$

成立，且有欧拉公式

$$\mathrm{e}^{\mathrm{i}\pi} = -1, \quad (1.13)$$

因此，有

$$z = a + bi = r(\cos\theta + i\sin\theta) = re^{i\theta}, \quad (1.14)$$

并称 $z = re^{i\theta}$ 为复数 z 的指数形式.

设复数

$$z_1 = a_1 + b_1i = r_1(\cos\theta_1 + i\sin\theta_1) = r_1e^{i\theta_1},$$
$$z_2 = a_2 + b_2i = r_2(\cos\theta_2 + i\sin\theta_2) = r_2e^{i\theta_2},$$

则有

$$\begin{aligned}
z_1z_2 &= (a_1a_2 - b_1b_2) + (a_1b_2 + a_2b_1)i \\
&= r_1r_2[\cos(\theta_1 + \theta_2) + i\sin(\theta_1 + \theta_2)] \\
&= r_1r_2e^{i(\theta_1 + \theta_2)}, \\
\frac{z_1}{z_2} &= \frac{a_1a_2 + b_1b_2}{a_2^2 + b_2^2} + \frac{a_2b_1 - a_1b_2}{a_2^2 + b_2^2}i \\
&= \frac{r_1}{r_2}[\cos(\theta_1 - \theta_2) + i\sin(\theta_1 - \theta_2)] \\
&= \frac{r_1}{r_2}e^{i(\theta_1 - \theta_2)}.
\end{aligned}$$

由此可以得到如下的结论: 将复数 z 乘复数 $r(\cos\theta + i\sin\theta)$, 相当于将复数 z 的对应向量绕原点 O 旋转角 θ. 当 $\theta > 0$ 时, z 对应的向量绕原点 O 按逆时针方向旋转角 θ; 而当 $\theta < 0$ 时, z 对应的向量绕原点 O 按顺时针方向旋转角 $|\theta|$. 此外, 向量的模变为原来的 r 倍.

特殊地, zi 就是将复数 z 的对应向量绕原点 O 按逆时针方向旋转 $\dfrac{\pi}{2}$ 所得到的复数.

由共轭复数的定义, 若 $z = a+bi$, 则 $\overline{z} = a-bi$, 从而有

$$a = r \cos\theta = \frac{z + \overline{z}}{2},$$

$$b = r \sin\theta = \frac{z - \overline{z}}{2i} = \frac{\overline{z} - z}{2}i, \qquad (1.15)$$

$$r^2 = a^2 + b^2 = (a + bi)(a - bi) = z\overline{z},$$

且成立

$$\overline{z_1 + z_2} = \overline{z_1} + \overline{z_2},$$

$$\overline{az} = a\overline{z} \quad (a \text{ 为实数}), \qquad (1.16)$$

$$\overline{z_1 z_2} = \overline{z_1}\ \overline{z_2}.$$

二、几何中基本量的复数表示

1. 平面上两点间的距离

设平面上的两点 $Z_1(x_1, y_1)$ 及 $Z_2(x_2, y_2)$ 的对应复数分别为 z_1 及 z_2，则向量 $\overrightarrow{Z_1Z_2}$ 或复数 $z_2 - z_1$ 的模，就是点 Z_1, Z_2 间的距离 (图 4). 用 d 来表示此距离，对向量 $\overrightarrow{Z_1Z_2} = z_2 - z_1$ 就有

$$d^2 = |z_1 - z_2|^2 = (x_1 - x_2)^2 + (y_1 - y_2)^2, \quad (2.1)$$

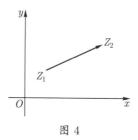

图 4

也可写为

$$\begin{aligned}
d^2 &= (z_1 - z_2)(\overline{z_1 - z_2}) \\
&= z_1\overline{z_1} + z_2\overline{z_2} - (z_1\overline{z_2} + z_2\overline{z_1}).
\end{aligned} \quad (2.2)$$

设向量 $\overrightarrow{Z_1Z_2}$ 与 x 轴正方向的夹角为 α, 则由 $z_2 - z_1 = de^{i\alpha}$, 可得

$$d = |\overrightarrow{Z_1Z_2}| = (z_2 - z_1)e^{-i\alpha}. \qquad (2.3)$$

例 1 求证: 平行四边形的四条边的平方和等于其两条对角线的平方和.

证明 如图 5, 取 $\square ABCD$ 的对角线 AC 所在的直线为 x 轴, 对角线的交点 O 为原点, 建立直角坐标系. 根据平行四边形的性质, 点 A, B, C, D 所对应的复数可分别设为 $z_1, z_2, -z_1, -z_2$, 故由 (2.2) 式有

$$\begin{aligned}
AB^2 + CD^2 &= 2AB^2 \\
&= 2[z_1\overline{z_1} + z_2\overline{z_2} - (z_1\overline{z_2} + z_2\overline{z_1})], \\
BC^2 + DA^2 &= 2AD^2 \\
&= 2\{z_1\overline{z_1} + (-z_2)(\overline{-z_2}) - \\
&\quad [z_1(\overline{-z_2}) + (-z_2)\overline{z_1}]\} \\
&= 2[z_1\overline{z_1} + z_2\overline{z_2} + (z_1\overline{z_2} + z_2\overline{z_1})],
\end{aligned}$$

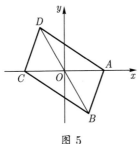

图 5

从而

$$AB^2 + BC^2 + CD^2 + DA^2 = 4(z_1\overline{z_1} + z_2\overline{z_2}).$$

又

$$AC^2 + BD^2 = 4(OA^2 + OD^2) = 4(z_1\overline{z_1} + z_2\overline{z_2}),$$

故

$$AB^2 + BC^2 + CD^2 + DA^2 = AC^2 + BD^2.$$

例 2 (托勒密定理) 设四边形 $ABCD$ 是一个圆内接四边形, 求证:

$$AB \cdot CD + AD \cdot BC = AC \cdot BD,$$

即对边长的乘积之和等于对角线长的乘积.

证明 如图 6, 建立直角坐标系. 设点 A, B, C 对应的复数分别为 z_1, z_2, z_3, 注意到圆内接四边形的性质: 同弧上的圆周角相等, 由平面上两点间的距离公式 (2.3), 有

$$AB = (z_2 - z_1)\mathrm{e}^{-\mathrm{i}\delta},$$

$$DC = z_3\mathrm{e}^{-\mathrm{i}\beta},$$

$$AD = -z_1\mathrm{e}^{-\mathrm{i}(\pi-\alpha)},$$

$$BC = (z_3 - z_2)\mathrm{e}^{-\mathrm{i}(\pi-\gamma)}.$$

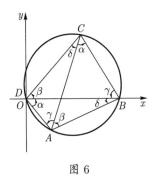

图 6

注意到 $2\alpha+2\beta+2\gamma+2\delta=2\pi$, 有 $\beta+\delta=\pi-(\alpha+\gamma)$, 令 $\beta+\delta=\theta$, 就有

$$AB \cdot DC + AD \cdot BC$$
$$=(z_2-z_1)\mathrm{e}^{-\mathrm{i}\delta} \cdot z_3\mathrm{e}^{-\mathrm{i}\beta} - z_1\mathrm{e}^{-\mathrm{i}(\pi-\alpha)} \cdot (z_3-z_2)\mathrm{e}^{-\mathrm{i}(\pi-\gamma)}$$
$$=z_3(z_2-z_1)\mathrm{e}^{-\mathrm{i}\theta} - z_1(z_3-z_2)\mathrm{e}^{-\mathrm{i}(\pi+\theta)}$$
$$=z_3z_2\mathrm{e}^{-\mathrm{i}\theta} - z_3z_1\mathrm{e}^{-\mathrm{i}\theta} - z_1z_3\mathrm{e}^{-\mathrm{i}(\pi+\theta)} + z_1z_2\mathrm{e}^{-\mathrm{i}(\pi+\theta)}.$$

由 (1.12) 及 (1.13) 式, 易得

$$\mathrm{e}^{-\mathrm{i}(\pi+\theta)} = -\mathrm{e}^{-\mathrm{i}\theta},$$

从而

$$AB \cdot DC + AD \cdot BC = z_3z_2\mathrm{e}^{-\mathrm{i}\theta} - z_1z_2\mathrm{e}^{-\mathrm{i}\theta}$$
$$= z_2(z_3-z_1)\mathrm{e}^{-\mathrm{i}\theta}$$
$$= z_2(z_3-z_1)\mathrm{e}^{-\mathrm{i}(\beta+\delta)}$$
$$= DB \cdot AC.$$

例 3 设 P 是正 $\triangle ABC$ 的外接圆上任一给定的点, 求证: 点 P 至三顶点 A, B, C 的距离的平方和是一个常数.

证明 如图 7, 以外接圆圆心为原点, 过顶点 A 的中线为 x 轴建立直角坐标系. 设正 $\triangle ABC$ 的外接圆半径为 r, 则点 A, B, C 对应的复数分别为 $r, r\mathrm{e}^{\mathrm{i}\frac{2\pi}{3}}, r\mathrm{e}^{-\mathrm{i}\frac{2\pi}{3}}$. 设点 P 对应的复数为 z, 即 $z = r\mathrm{e}^{\mathrm{i}\theta}$ $(0 \leqslant \theta < 2\pi)$. 于是有

$$
\begin{aligned}
PA^2 &= (r - r\mathrm{e}^{\mathrm{i}\theta})\overline{(r - r\mathrm{e}^{\mathrm{i}\theta})} \\
&= r^2(1 - \mathrm{e}^{\mathrm{i}\theta})(1 - \mathrm{e}^{-\mathrm{i}\theta}) \\
&= r^2(2 - \mathrm{e}^{\mathrm{i}\theta} - \mathrm{e}^{-\mathrm{i}\theta}),
\end{aligned}
$$

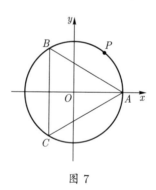

图 7

类似地, 有

$$
\begin{aligned}
PB^2 &= r^2(\mathrm{e}^{\mathrm{i}\frac{2\pi}{3}} - \mathrm{e}^{\mathrm{i}\theta})(\mathrm{e}^{-\mathrm{i}\frac{2\pi}{3}} - \mathrm{e}^{-\mathrm{i}\theta}) \\
&= r^2(2 - \mathrm{e}^{\mathrm{i}\frac{2\pi}{3}}\mathrm{e}^{-\mathrm{i}\theta} - \mathrm{e}^{-\mathrm{i}\frac{2\pi}{3}}\mathrm{e}^{\mathrm{i}\theta}), \\
PC^2 &= r^2(2 - \mathrm{e}^{-\mathrm{i}\frac{2\pi}{3}}\mathrm{e}^{-\mathrm{i}\theta} - \mathrm{e}^{\mathrm{i}\frac{2\pi}{3}}\mathrm{e}^{\mathrm{i}\theta}).
\end{aligned}
$$

因

$$e^{-i\frac{2\pi}{3}} + e^{i\frac{2\pi}{3}} = \left[\cos\left(-\frac{2\pi}{3}\right) + i\sin\left(-\frac{2\pi}{3}\right)\right] +$$

$$\left(\cos\frac{2\pi}{3} + i\sin\frac{2\pi}{3}\right)$$

$$= 2\cos\frac{2\pi}{3} = -1,$$

就有

$$PA^2 + PB^2 + PC^2 = r^2\left[6 - \left(1 + e^{-i\frac{2\pi}{3}} + e^{i\frac{2\pi}{3}}\right)e^{i\theta} - \right.$$

$$\left.\left(1 + e^{-i\frac{2\pi}{3}} + e^{i\frac{2\pi}{3}}\right)e^{-i\theta}\right]$$

$$= 6r^2,$$

即

$$PA^2 + PB^2 + PC^2 = 6r^2$$

是一个定值.

例 4 设正 n 边形 $A_0A_1\cdots A_{n-1}$ 内接于以点 O 为圆心的单位圆. 求证:

$$A_0A_1 \cdot A_0A_2 \cdot \cdots \cdot A_0A_{n-1} = n.$$

证明 如图 8, 以圆心 O 为原点, OA_0 所在的直线为 x 轴建立直角坐标系. 正 n 边形 $A_0A_1\cdots A_{n-1}$ 的 n 个顶点是此单位圆的 n 个等分点, 且点 A_0 对应的复数是 1, 并设其余 $n-1$ 个顶点的对应

复数分别是 $\omega_1, \omega_2, \cdots, \omega_{n-1}$. 显然,

$$\omega_k = \cos\frac{2k\pi}{n} + \mathrm{i}\sin\frac{2k\pi}{n}, \quad k = 1, 2, \cdots, n-1,$$

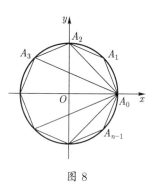

图 8

且

$$\omega_k^n = 1, \quad k = 0, 1, 2, \cdots, n-1.$$

所以 n 个复数 $1, \omega_1, \omega_2, \cdots, \omega_{n-1}$ 为方程

$$\omega^n - 1 = 0,$$

即

$$(\omega - 1)(\omega^{n-1} + \omega^{n-2} + \cdots + 1) = 0$$

的 n 个根. 因为 $1, \omega_1, \omega_2, \cdots, \omega_{n-1}$ 是上述方程的 n 个根, 所以该方程应可以写成

$$(\omega - 1)(\omega - \omega_1) \cdots (\omega - \omega_{n-1}) = 0.$$

比较这两个方程可得恒等式

$$\omega^{n-1} + \omega^{n-2} + \cdots + 1$$
$$\equiv (\omega - \omega_1)(\omega - \omega_2)\cdots(\omega - \omega_{n-1}).$$

令 $\omega = 1$ 代入上式, 且两边取绝对值, 就得到

$$|1 - \omega_1||1 - \omega_2|\cdots|1 - \omega_{n-1}| = n,$$

再根据复数减法的几何意义, 就得到

$$A_0A_1 \cdot A_0A_2 \cdot \cdots \cdot A_0A_{n-1} = n.$$

2. 两个向量的夹角

定义 1　向量 $\overrightarrow{OZ_1}$ 与 $\overrightarrow{OZ_2}$ 的夹角是指向量 $\overrightarrow{OZ_1}$ 绕点 O 按逆时针方向旋转至向量 $\overrightarrow{OZ_2}$ 的位置时所形成的角 α (图 9).

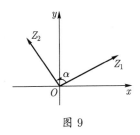

图 9

设点 Z_1 及 Z_2 对应的复数分别是 $z_1 = r_1(\cos\theta_1 + i\sin\theta_1)$ 及 $z_2 = r_2(\cos\theta_2 + i\sin\theta_2)$, 则 $\alpha = \theta_2 - \theta_1$. 由

$$z_2 \overline{z_1} = r_1 r_2 [\cos(\theta_2 - \theta_1) + i \sin(\theta_2 - \theta_1)]$$
$$= r_1 r_2 (\cos \alpha + i \sin \alpha),$$
$$z_1 \overline{z_2} = r_1 r_2 (\cos \alpha - i \sin \alpha),$$

可得

$$\cos \alpha = \frac{z_2 \overline{z_1} + z_1 \overline{z_2}}{2 r_1 r_2}, \tag{2.4}$$
$$\sin \alpha = \frac{z_2 \overline{z_1} - z_1 \overline{z_2}}{2 r_1 r_2 i}.$$

例 5 (余弦定理) 在 $\triangle ABC$ 中以 a, b, c 分别表示角 A, B, C 的对边, 求证:

$$a^2 = b^2 + c^2 - 2bc \cos A.$$

证明 如图 10, 以点 A 为原点, 建立直角坐标系, 设点 B, C 对应的复数分别为 z_1, z_2. 则

$$a^2 = |z_1 - z_2|^2 = (z_1 - z_2)(\overline{z_1} - \overline{z_2})$$
$$= z_1 \overline{z_1} + z_2 \overline{z_2} - (z_1 \overline{z_2} + z_2 \overline{z_1}),$$

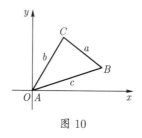

图 10

且

$$b^2 = z_2 \overline{z_2}, \quad c^2 = z_1 \overline{z_1}.$$

18

设 $\angle xAB = \alpha$, 则有

$$z_1 \overline{z_2} + \overline{z_1} z_2$$
$$= cb(\cos\alpha + \mathrm{i}\sin\alpha)[\cos(-\alpha - A) + \mathrm{i}\sin(-\alpha - A)] +$$
$$\quad cb[\cos(-\alpha) + \mathrm{i}\sin(-\alpha)][\cos(\alpha + A) + \mathrm{i}\sin(\alpha + A)]$$
$$= cb[\cos(-A) + \mathrm{i}\sin(-A)] + cb(\cos A + \mathrm{i}\sin A)$$
$$= 2bc\cos A,$$

由此就得到

$$a^2 = b^2 + c^2 - 2bc\cos A.$$

例 6 已知直角 $\triangle ABC$ 中, $\angle C$ 为直角, $AC > BC$, 在边 CB 及 CA 上分别取点 D 及 E, 使 $AE = CB, CE = DB$, 连接 AD 及 BE. 求证: AD 与 BE 成 $45°$ 角.

证明 如图 11, 以 C 为原点, CB 为 x 轴, 建立直角坐标系. 设点 B 坐标为 $(a, 0)$, 且 $EC = BD = m$, 则点 D 及 E 的坐标分别为 $(a - m, 0)$ 及 $(0, m)$, 而点 A 的坐标易知为 $(0, a + m)$. 向量 $\overrightarrow{DA}$ 对应的复数

$$z_1 = m - a + (a + m)\mathrm{i},$$

而 $\overrightarrow{BE}$ 对应的复数

$$z_2 = -a + m\mathrm{i}.$$

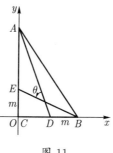

图 11

于是

$$|z_1| = \sqrt{2} \cdot \sqrt{a^2 + m^2},$$

$$|z_2| = \sqrt{a^2 + m^2},$$

且

$$z_1\overline{z_2} = [(m-a) + (a+m)\mathrm{i}](-a - m\mathrm{i})$$

$$= (a^2 + m^2)(1 - \mathrm{i}),$$

$$\overline{z_1}z_2 = [(m-a) - (a+m)\mathrm{i}](-a + m\mathrm{i})$$

$$= (a^2 + m^2)(1 + \mathrm{i}),$$

从而

$$z_1\overline{z_2} + \overline{z_1}z_2 = 2(a^2 + m^2).$$

设 $\overrightarrow{DA}$ 与 $\overrightarrow{BE}$ 的夹角为 θ, 则

$$\cos\theta = \frac{z_1\overline{z_2} + \overline{z_1}z_2}{2|z_1||z_2|} = \frac{2(a^2 + m^2)}{2\sqrt{2}(a^2 + m^2)} = \frac{\sqrt{2}}{2}.$$

显然, θ 是一个锐角, 所以直线 AD 与 BE 的夹角 $\theta = 45°$.

3. 向量的平行与垂直

定义 2 若两个向量所对应复数的辐角相差 $\frac{\pi}{2}$ 的偶数倍, 则这两个向量互相平行; 若相差 $\frac{\pi}{2}$ 的奇数倍, 则这两个向量互相垂直.

由向量平行的定义知一个向量与其自身是平行的. 因为取一条直线上任意给定的一点为始点, 另一点为终点, 均可组成向量, 所以在两条不同的直线上, 各按上法取向量, 若这两个向量是平行的, 则这两条直线也是平行的; 对垂直也是一样的.

设向量 $\overrightarrow{OZ_1}$ 所对应的复数为 z_1, 向量 $\overrightarrow{OZ_2}$ 所对应的复数为 z_2, θ 为 $\overrightarrow{OZ_1}$ 与 $\overrightarrow{OZ_2}$ 的夹角, 由 (2.4) 式可知

$$\cos \theta = \frac{z_2 \overline{z_1} + z_1 \overline{z_2}}{2 r_1 r_2}.$$

当 $\cos \theta = 0$ 时, 向量 $\overrightarrow{OZ_1} \perp \overrightarrow{OZ_2}$, 这就证明了它们垂直的充要条件是

$$z_1 \overline{z_2} + z_2 \overline{z_1} = 0. \tag{2.5}$$

类似地, 它们平行的充要条件是

$$z_1 \overline{z_2} - z_2 \overline{z_1} = 0. \tag{2.6}$$

例 7 (勾股定理的逆定理) 已知 $\triangle ABC$ 的三条边适合 $a^2 + b^2 = c^2$, 求证: $\triangle ABC$ 为直角三角形.

证明 如图 12, 以点 C 为原点, CA 为 x 轴, 建立直角坐标系. 设点 A, B 所对应的复数分别为 z_1, z_2, 由余弦定理及 (2.4) 式, 可得

$$c^2 = a^2 + b^2 - (z_1 \overline{z_2} + z_2 \overline{z_1}),$$

由已知 $a^2 + b^2 = c^2$, 就有 $z_1 \overline{z_2} + z_2 \overline{z_1} = 0$, 从而 $\angle C$ 为直角.

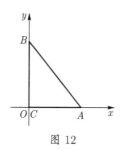

图 12

例 8 求证: 三角形的三条高相交于一点.

证明 如图 13, 取点 C 为原点, 建立直角坐标系. 设点 A 及 B 所对应的复数分别为 z_1 及 z_2, 并设高 BE 与 AD 相交于点 Q, 点 Q 对应的复数为 z_Q, 则由 $AQ \perp CB$ 及 $BQ \perp CA$, 有

$$(z_1 - z_Q)\overline{z_2} + (\overline{z_1} - \overline{z_Q})z_2 = 0,$$
$$(z_2 - z_Q)\overline{z_1} + (\overline{z_2} - \overline{z_Q})z_1 = 0.$$

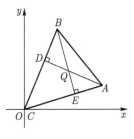

图 13

将上述两式相减, 得

$$-z_Q\overline{z_2} - \overline{z_Q}z_2 + z_Q\overline{z_1} + \overline{z_Q}z_1 = 0,$$

即

$$(z_1 - z_2)\overline{z_Q} + (\overline{z_1} - \overline{z_2})z_Q = 0.$$

所以 $CQ \perp AB$, 从而三条高相交于一点.

4. 线段的定比分点

定理　若点 Z 分线段 Z_1Z_2 之比为 $\lambda\ (\lambda \in \mathbf{R}$, 且 $\lambda \neq -1)$, 点 Z, Z_1, Z_2 所对应的复数分别是 z, z_1, z_2, 则 $\lambda = \dfrac{z - z_1}{z_2 - z}$.

证明　如图 14, 设点 Z, Z_1, Z_2 的坐标分别是

$$Z(x, y), Z_1(x_1, y_1), Z_2(x_2, y_2).$$

因为点 Z 分线段 Z_1Z_2 之比为 λ, 有

$$\lambda = \frac{x - x_1}{x_2 - x} = \frac{y - y_1}{y_2 - y},$$

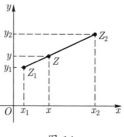

图 14

即

$$(x_2 - x)\lambda = x - x_1,$$
$$(y_2 - y)\lambda = y - y_1.$$

由上两式可得

$$(z_2 - z)\lambda = z - z_1,$$

从而

$$\lambda = \frac{z - z_1}{z_2 - z}$$

或

$$z = \frac{z_1 + \lambda z_2}{1 + \lambda} \quad (\lambda \neq -1). \tag{2.7}$$

令 $\dfrac{1}{1 + \lambda} = \alpha$, 上式又可以写成

$$z = \alpha z_1 + (1 - \alpha)z_2. \tag{2.8}$$

此式是三点 Z, Z_1, Z_2 共线的充要条件.

例 9 设 $\triangle ABC$ 的三个顶点 A, B, C 所对应的复数分别是 z_1, z_2, z_3, 点 M 分 AB 之比为 λ, 点 N 分 BC 之比为 μ. 连接 CM 及 AN, 它们的交点为 Q, 求点 Q 所对应的复数.

解 如图 15, 为了运算方便, 将坐标轴平移, 使新坐标系 $x'O'y'$ 的原点 O' 与点 B 重合. 设在新坐标系中点 A, B, C 对应的复数分别为 $z_1', 0, z_3'$, 其中 $z_1' = z_1 - z_2, z_3' = z_3 - z_2$. 因为点 M 分 AB 之比为 λ, 在 $x'O'y'$ 平面上点 M 对应的复数为

$$z_M' = \frac{z_1'}{1 + \lambda} ①.$$

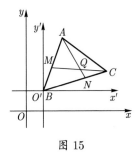

图 15

同理, 点 N 的对应复数为

$$z_N' = \frac{\mu z_3'}{1 + \mu}.$$

设点 Q 在 $x'O'y'$ 平面上对应的复数为 z_Q', 因为点

---

① 在坐标平移变换下, 点的定比分点公式 (2.7) 不变.

Q 在 AN 上, 所以一定存在实数 α, 使

$$z'_Q = \alpha z'_1 + (1 - \alpha)z'_N = \alpha z'_1 + (1 - \alpha)\frac{\mu}{1 + \mu}z'_3.$$

同理, 因 Q 在直线 CM 上, 所以一定存在实数 β, 使

$$z'_Q = \beta z'_3 + (1 - \beta)\frac{1}{1 + \lambda}z'_1.$$

从上述两式中消去 z'_Q, 得

$$\left(\alpha - \frac{1 - \beta}{1 + \lambda}\right)z'_1 = \left[\beta - \frac{(1 - \alpha)\mu}{1 + \mu}\right]z'_3.$$

注意到点 A, B, C 不在一条直线上, 必成立

$$\alpha = \frac{1 - \beta}{1 + \lambda},$$
$$\beta = \frac{(1 - \alpha)\mu}{1 + \mu},$$

从而消去 α 后得到

$$\beta = \frac{\lambda\mu}{1 + \lambda + \lambda\mu}.$$

由此得到

$$z'_Q = \beta z'_3 + \frac{1 - \beta}{1 + \lambda}z'_1 = \frac{z'_1 + \lambda\mu z'_3}{1 + \lambda + \lambda\mu}.$$

还原至原坐标系, 可得

$$z_Q = z'_Q + z_2 = z_2 + \frac{z_1 - z_2 + \lambda\mu(z_3 - z_2)}{1 + \lambda + \lambda\mu},$$

从而点 Q 所对应的复数为

$$z_Q = \frac{z_1 + \lambda z_2 + \lambda\mu z_3}{1 + \lambda + \lambda\mu}. \tag{2.9}$$

例 10 在 $\triangle ABC$ 中, 设点 L, M, N 分别分 AB, BC, CA 之比为 λ, μ, ν, 且 AM, BN, CL 不互相平行, 求证: 直线 AM, BN, CL 共点的充要条件为 $\lambda\mu\nu = 1$.

证明 如图 16, 取直角坐标系, 使点 B 为坐标原点, 并设点 A, B, C 所对应的复数分别是 $z_1, 0, z_3$.

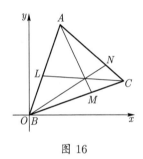

图 16

必要性. 由例 9 可知, AM 与 CL 的交点所对应的复数是

$$\frac{z_1 + \lambda\mu z_3}{1 + \lambda + \lambda\mu}.$$

同理, CL 与 BN 的交点所对应的复数是

$$\frac{z_3 + \nu z_1}{1 + \nu + \lambda\nu}.$$

因为 AM, BN, CL 共点, 所以

$$\frac{z_1 + \lambda\mu z_3}{1 + \lambda + \lambda\mu} = \frac{z_3 + \nu z_1}{1 + \nu + \lambda\nu}.$$

从而

$$\left(\frac{1}{1 + \lambda + \lambda\mu} - \frac{\nu}{1 + \nu + \lambda\nu}\right) z_1$$

$$= \left(\frac{1}{1 + \nu + \lambda\nu} - \frac{\lambda\mu}{1 + \lambda + \lambda\mu}\right) z_3.$$

又因为 A, B, C 三点不共线, 就有

$$\begin{cases} \dfrac{1}{1 + \lambda + \lambda\mu} = \dfrac{\nu}{1 + \nu + \lambda\nu}, \\ \dfrac{\lambda\mu}{1 + \lambda + \lambda\mu} = \dfrac{1}{1 + \nu + \lambda\nu}, \end{cases}$$

由此易得

$$\lambda\mu\nu = 1.$$

充分性. 由 (2.9) 式, AM 与 CL 的交点所对应的复数是

$$\frac{z_1 + \lambda z_2 + \lambda\mu z_3}{1 + \lambda + \lambda\mu}.$$

类似地, CL 与 BN 的交点所对应的复数是

$$\frac{z_3 + \nu z_1 + \nu\lambda z_2}{1 + \nu + \nu\lambda}.$$

因为 $\lambda\mu\nu = 1$, 所以

$$\frac{z_1 + \lambda z_2 + \lambda\mu z_3}{1 + \lambda + \lambda\mu} = \frac{\nu(z_1 + \lambda z_2 + \lambda\mu z_3)}{\nu(1 + \lambda + \lambda\mu)}$$
$$= \frac{z_3 + \nu z_1 + \nu\lambda z_2}{1 + \nu + \nu\lambda},$$

从而 AM, BN, CL 共点.

三、图形的运动与变换

1. 图形的对称运动

定义 1 设点 M 是线段 Z_1Z_2 的中点, 则称点 Z_1 与 Z_2 关于点 M 对称, 并称点 M 为 Z_1 与 Z_2 的对称中心 (图 17).

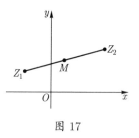

图 17

设点 Z_1, Z_2, M 对应的复数分别是 z_1, z_2, z_M, 就有 $z_M = \dfrac{z_1 + z_2}{2}$, 从而可得点 Z_1 关于点 M 的对称点 Z_2 所对应的复数为

$$z_2 = 2z_M - z_1. \tag{3.1}$$

定义 2 设直线 l 是线段 Z_1Z_2 的垂直平分线，则称点 Z_1 与 Z_2 关于直线 l 对称, 并称 l 为它们的对称轴 (图 18).

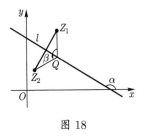

图 18

设点 Z_1 对应的复数为 $z_1 = x_1 + y_1$i, 直线 l 的方程为 $y = kx + b$ ($k = \tan\alpha$ 为斜率, 其中 α 为 l 的倾斜角, 而 b 为截距), 则点 Z_1 关于 l 的对称点 Z_2 所对应的复数可由下列方法求得:

过点 Z_1 引 Z_1Q 平行于 y 轴, 且交直线 l 于点 Q. 设点 Q 所对应的复数为 z_Q, 则易知

$$z_Q = x_1 + (kx_1 + b)\text{i}.$$

注意到 $QZ_2 = QZ_1$, 且 QZ_2 与 QZ_1 的夹角 $\beta = 2\left(\alpha - \dfrac{\pi}{2}\right)$ (这里假设直线 l 的倾斜角为钝角, 当 α 为锐角时, 同理), 就有

$$
\begin{aligned}
\overrightarrow{OZ_2} &= \overrightarrow{OQ} + \overrightarrow{QZ_2} = \overrightarrow{OQ} + \overrightarrow{QZ_1}\text{e}^{\text{i}\beta} \\
&= \overrightarrow{OQ} + \overrightarrow{QZ_1}\text{e}^{\text{i}2\left(\alpha - \frac{\pi}{2}\right)} \\
&= \overrightarrow{OQ} + \overrightarrow{Z_1Q}\text{e}^{\text{i}2\alpha}.
\end{aligned}
$$

于是得到

$$z_2 = z_Q + (z_Q - z_1)e^{i2\alpha}, \qquad (3.2)$$

其中 $z_Q = x_1 + (kx_1 + b)i$.

例 1 求点 $Z(3,8)$ 关于直线 $l : x + y - 5 = 0$ 的对称点.

解 因为直线 l 的斜率 $k = -1$, 故相应的倾斜角 $\alpha = \dfrac{3\pi}{4}$, 所以

$$z_Q = 3 + (-3 + 5)i = 3 + 2i.$$

设点 Z 关于 l 的对称点为 Z', 点 Z, Z' 对应的复数分别为 z, z', 则由 (3.2) 式

$$\begin{aligned}
z' &= z_Q + (z_Q - z)e^{i2\alpha} \\
&= 3 + 2i + (3 + 2i - 3 - 8i)e^{i\frac{3\pi}{2}} \\
&= 3 + 2i + (-6i)(-i) = -3 + 2i,
\end{aligned}$$

故点 $Z(3,8)$ 关于 l 的对称点为 $Z'(-3, 2)$.

例 2 求圆 $x^2 + y^2 = 1$ 关于直线 $l : x + y = 1$ 的对称曲线 (图 19).

解 圆 $x^2 + y^2 = 1$ 上任意给定的点 Z_1 的坐标可设为 $(\cos\theta, \sin\theta)$, 其对应的复数为 $z_1 = \cos\theta + i\sin\theta$, 而对称轴的方程为 $y = -x + 1$, 故倾斜角为 $\alpha = \dfrac{3\pi}{4}$, $k = -1$, 且 $b = 1$.

设点 Z_1 关于 l 的对称点为 Z', 其对应复数为

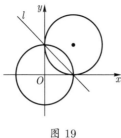

图 19

z', 则由 (3.2) 式得到

$$z' = [\cos\theta + (1 - \cos\theta)\mathrm{i}] +$$
$$\{[\cos\theta + (1 - \cos\theta)\mathrm{i}] - (\cos\theta + \mathrm{i}\sin\theta)\}\mathrm{e}^{\mathrm{i}\frac{3\pi}{2}}$$
$$= \cos\theta + (1 - \cos\theta)\mathrm{i} + (1 - \cos\theta - \sin\theta)\mathrm{i} \cdot (-\mathrm{i})$$
$$= 1 - \sin\theta + (1 - \cos\theta)\mathrm{i},$$

故对称曲线的方程是

$$\begin{cases} x = 1 - \sin\theta, \\ y = 1 - \cos\theta, \end{cases} \quad \theta \text{ 为参数,}$$

或

$$(x-1)^2 + (y-1)^2 = 1,$$

它是以点 $(1,1)$ 为圆心、半径为 1 的圆.

2. 图形绕定点的旋转

如图 20, 设 Q 是一个定点, 点 Z_1 绕定点 Q 旋转一个角度 α 至 Z_2, 若点 Z_1, Z_2, Q 对应的复数分

别为 z_1, z_2, z_Q, 则由

$$\overrightarrow{OZ_2} = \overrightarrow{OQ} + \overrightarrow{QZ_2} = \overrightarrow{OQ} + \overrightarrow{QZ_1}\mathrm{e}^{\mathrm{i}\alpha},$$

就有

$$z_2 = z_Q + (z_1 - z_Q)\mathrm{e}^{\mathrm{i}\alpha}. \tag{3.3}$$

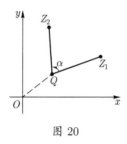

图 20

例 3 据传有一个海盗在一座荒岛上埋藏了一批珠宝, 他给其后人留下的纸条上写着 "岛上可以找到两棵树, 一棵是橡树 (A), 另一棵为松树 (B), 还有一座木制的绞架 (C). 从绞架走到橡树, 记住走了多少步, 由橡树向右拐个直角再走这么多步, 在此打个桩 (A'); 然后回到绞架那里, 再朝松树走去, 同时记住所走的步数, 到达松树后再向左拐个直角, 再走这么多步, 在那里也打个桩 (B'). 在两桩的正中间挖掘, 就可找到宝藏". 后来, 他的后人凭这张纸条所示, 去荒岛寻宝, 海岛找到了, 橡树与松树也找到了, 但因年代久远, 绞架已腐烂入泥, 影迹全无, 宝藏无法找到, 后人只能空手而返.

大家看看能不能找出宝藏的所在.

解 我们要用复数的方法找到这个宝藏. 如图 21, 以 AB 所在的直线为 x 轴, AB 的垂直平分线为 y 轴, 建立直角坐标系. 设 $OA = OB = 1$, 点 A, B 的坐标分别为 $A(-1, 0)$ 及 $B(1, 0)$, 并设未确定的点 C 的坐标为 $C(x, y)$, 点 A, B, C 所对应的复数分别为 $-1, 1$ 及 $x + y\mathrm{i}$. 有

$$\overrightarrow{AC} = \overrightarrow{OC} - \overrightarrow{OA} = x + 1 + y\mathrm{i},$$
$$\overrightarrow{BC} = \overrightarrow{OC} - \overrightarrow{OB} = x - 1 + y\mathrm{i}.$$

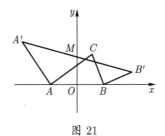

图 21

注意到 $AA' = AC$, 且 $\overrightarrow{AA'} \perp \overrightarrow{AC}$, 有

$$\overrightarrow{OA'} = \overrightarrow{OA} + \overrightarrow{AA'} = \overrightarrow{OA} + \overrightarrow{AC} \cdot \mathrm{i}$$
$$= -1 + (x + 1 + y\mathrm{i})\mathrm{i}$$
$$= -(1 + y) + (x + 1)\mathrm{i}.$$

类似地, 有

$$\overrightarrow{OB'} = \overrightarrow{OB} + \overrightarrow{BB'} = \overrightarrow{OB} + \overrightarrow{BC} \cdot (-\mathrm{i})$$

$$= 1 + (x - 1 + y\mathrm{i})(-\mathrm{i})$$

$$= 1 + y - (x - 1)\mathrm{i}.$$

设 $A'B'$ 的中点为 M, 则

$$\overrightarrow{OM} = \frac{1}{2}(\overrightarrow{OA'} + \overrightarrow{OB'})$$

$$= \frac{1}{2}\{[-(1 + y) + (x + 1)\mathrm{i}] + [1 + y - (x - 1)\mathrm{i}]\}$$

$$= \mathrm{i},$$

即 M 的对应坐标为 $(0, 1)$. 因此, 无论绞架位于何处, 宝藏应在 AB 的垂直平分线上、与 AB 中点的距离等于 AB 距离的一半之处. 这样, 尽管绞架腐烂了, 用数学的方法还是能找到宝藏: 宝藏的位置在 $M(0, 1)$ 处.

例 4 如图 22, 设 $\triangle Z_1 Z_2 Z_3$ 是一个正三角形, 顶点 Z_1, Z_2, Z_3 分别对应于复数 z_1, z_2, z_3. 求证:

$$z_1^2 + z_2^2 + z_3^2 = z_1 z_2 + z_2 z_3 + z_3 z_1.$$

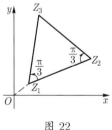

图 22

证明 正三角形的三个内角均为 $\dfrac{\pi}{3}$, 所以

$$z_3 = z_1 + (z_2 - z_1)\mathrm{e}^{\mathrm{i}\frac{\pi}{3}},$$

即

$$\frac{z_3 - z_1}{z_2 - z_1} = \mathrm{e}^{\mathrm{i}\frac{\pi}{3}}.$$

同理

$$\frac{z_1 - z_2}{z_3 - z_2} = \mathrm{e}^{\mathrm{i}\frac{\pi}{3}}.$$

这样, 就有

$$\frac{z_3 - z_1}{z_2 - z_1} = \frac{z_1 - z_2}{z_3 - z_2},$$

从而

$$z_1^2 + z_2^2 + z_3^2 = z_1 z_2 + z_2 z_3 + z_3 z_1.$$

容易看出本例的逆命题也成立.

例 5 已知正方形 $ABCD$ 的两个不相邻顶点 A 及 C 的坐标是 $(-1, -1)$ 及 $(1, 3)$, 求顶点 B, D 的坐标.

解 如图 23, 设正方形的中心为点 Q, 则由定比分点公式, 点 Q 的坐标为

$$\left(\frac{-1+1}{2}, \frac{-1+3}{2}\right) = (0, 1).$$

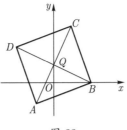

图 23

设点 Q, B, D 所对应的复数分别是 z_0, z_2, z_4, 则由

$$\overrightarrow{OB} = \overrightarrow{OQ} + \overrightarrow{QB} = \overrightarrow{OQ} + \overrightarrow{QA}\mathrm{e}^{\mathrm{i}\frac{\pi}{2}},$$

得

$$z_2 = \mathrm{i} + (-1 - 2\mathrm{i})\mathrm{i} = 2,$$

从而点 B 坐标为 $(2, 0)$.

同理可得点 D 坐标为 $(-2, 2)$.

例 6 如图 24, 已知正 $\triangle ABC$ 的顶点 A 与原点重合, 顶点 B 在直线 $x = a$ 上移动, 且点 A, B, C 按逆时针顺序排列. 求顶点 C 的轨迹方程.

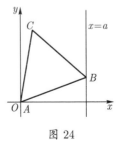

图 24

解 设点 C 对应的复数为 $z = x + y\mathrm{i}$, 点 B 对应的复数为 $a + t\mathrm{i}$, t 为参数, 则由 $\overrightarrow{AB} = \overrightarrow{AC}\mathrm{e}^{-\mathrm{i}\frac{\pi}{3}}$, 有

$$a + t\mathrm{i} = (x + y\mathrm{i})\left(\cos\frac{\pi}{3} - \mathrm{i}\sin\frac{\pi}{3}\right)$$

$$= (x + y\mathrm{i})\left(\frac{1}{2} - \frac{\sqrt{3}}{2}\mathrm{i}\right)$$

$$= \frac{1}{2}(x + \sqrt{3}y) + \left(\frac{1}{2}y - \frac{\sqrt{3}}{2}x\right)\mathrm{i}.$$

从而

$$\frac{1}{2}(x + \sqrt{3}y) = a$$

为所求的轨迹方程, 它是一条直线.

3. 图形以点为中心的位似变换

定义 3 设 M 是一个定点, 图形上的每一点 Z, 沿 MZ 的方向移动至 Z', 使 $\overrightarrow{MZ'} : \overrightarrow{MZ} = r(r \in \mathbf{R})^{①}$, 则称由点集 Z' 构成的图形为原图形的位似形, r 为位似系数, 而点 M 为位似中心 (图 25).

设点 M, Z, Z' 所对应的复数分别为 z_M, z, z',

---

① $\overrightarrow{MZ'} : \overrightarrow{MZ}$ 指它们对应的复数之比. 当 $\overrightarrow{MZ'}$ 与 $\overrightarrow{MZ}$ 同向时, $r > 0$; 当 $\overrightarrow{MZ'}$ 与 $\overrightarrow{MZ}$ 反向时, $r < 0$.

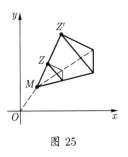

图 25

则

$$z' = z_M + r(z - z_M)$$
$$= (1 - r)z_M + rz, \quad r \in \mathbf{R}. \tag{3.4}$$

此外, 利用上小节的知识, 当一点 Z 先绕定点 M 旋转 α 角, 再作以 M 为中心、MZ 为方向、r 为位似系数的位似变换而到达点 Z' 时, 对应的复数满足

$$z' = z_M + r(z - z_M)\mathrm{e}^{\mathrm{i}\alpha}. \tag{3.5}$$

例 7 已知正 $\triangle ABC$ 的顶点 A 在原点, 顶点 B 在直线 $l_1 : y = 2$ 上, 顶点 C 在直线 $l_2 : y = 1 + \sqrt{3}$ 上, 且点 A, B, C 按逆时针排序, 求点 B, C 的坐标.

解 先作单位正 $\triangle AB'C'$, 其边长为 1, 且 AB' 边在 x 轴上 (图 26), 则 B', C' 对应的复数分别为 1 及 $\mathrm{e}^{\mathrm{i}\frac{\pi}{3}}$. 现选择适当的角度 $\alpha(0 < \alpha < \pi)$ 及位似系数 r, 将 $\triangle AB'C'$ 先绕点 A 旋转 α 角, 再作位

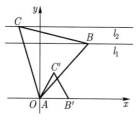

图 26

似系数为 r 的位似变换, 使两个顶点 B', C' 的对应点 B, C 分别落到 $l_1 : y = 2$ 及 $l_2 : y = 1 + \sqrt{3}$ 上, 从而点 B, C 对应的复数可分别设为 $x_2 + 2\mathrm{i}$, $x_3 + (1 + \sqrt{3})\mathrm{i}$, 于是

$$x_2 + 2\mathrm{i} = 1 \cdot re^{\mathrm{i}\alpha},$$
$$x_3 + (1 + \sqrt{3})\mathrm{i} = e^{\mathrm{i}\frac{\pi}{3}} \cdot re^{\mathrm{i}\alpha} = re^{\mathrm{i}\left(\alpha + \frac{\pi}{3}\right)}.$$

比较上述两式左右的虚部, 得

$$r\sin\alpha = 2, r\sin\left(\alpha + \frac{\pi}{3}\right) = 1 + \sqrt{3},$$

消去 r 就得

$$\frac{1 + \sqrt{3}}{2} = \frac{\sin\left(\alpha + \frac{\pi}{3}\right)}{\sin\alpha} \quad (0 < \alpha < \pi),$$

即

$$\frac{1 + \sqrt{3}}{2} = \frac{\frac{1}{2}\sin\alpha + \frac{\sqrt{3}}{2}\cos\alpha}{\sin\alpha} = \frac{1}{2} + \frac{\sqrt{3}}{2}\cot\alpha.$$

解之得

$$\cot \alpha = 1, \quad \alpha = \frac{\pi}{4}.$$

于是 $r = \dfrac{2}{\sin \dfrac{\pi}{4}} = 2\sqrt{2}$, 从而

$$x_2 = r \cos \alpha = 2\sqrt{2} \cdot \cos \frac{\pi}{4} = 2,$$

$$x_3 = r \cos\left(\alpha + \frac{\pi}{3}\right) = 2\sqrt{2} \cdot \frac{\sqrt{2} - \sqrt{6}}{4} = 1 - \sqrt{3}.$$

即点 B 的坐标为 $B(2,2)$, 而点 C 的坐标为 $C(1 - \sqrt{3}, 1 + \sqrt{3})$.

4. 关于点的平行移动

定义 4 将平面图形上的任意一点 Z_1 沿 x 轴的方向移动 h 个单位, 并沿 y 轴的方向移动 k 个单位, 所得的点 Z_2 称为由点 Z_1 经平移得来 (图 27).

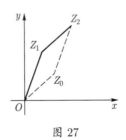

图 27

记 $z_0 = h + k\mathrm{i}$, 设点 Z_1 及 Z_2 所对应的复数

分别为 z_1 及 z_2, 则有

$$z_2 = z_0 + z_1. \qquad (3.6)$$

由 $1 \sim 4$ 小节可见, 平面图形的平移、旋转、放大 (缩小) 及对称等的复数变换式都比较简单. 由于中学平面几何中所涉及的图形变换主要就是上述这些情形, 因此运用复数方法解平面几何题目也往往显得简捷.

四、关于曲线方程的复数形式

1. 曲线方程的复数形式

设 $z = x + y\mathrm{i}$, 并以 $\overline{z}$ 表示复数 z 的共轭复数, 即 $\overline{z} = x - y\mathrm{i}$, 则平面曲线方程 $F(x, y) = 0$ 可转化为

$$F\left(\frac{z + \overline{z}}{2}, \frac{z - \overline{z}}{2\mathrm{i}}\right) = 0.$$

曲线的参数方程 $\begin{cases} x = f(t), \\ y = g(t), \end{cases}$ t 为参数, 可转化为 $z = f(t) + \mathrm{i}g(t)$, t 为参数. 特殊地, 若取动点所对应的复数的辐角 θ 为参数, 则曲线方程还可写成

$$z = r(\theta)(\cos\theta + \mathrm{i}\sin\theta) = r(\theta)\mathrm{e}^{\mathrm{i}\theta},$$

这里 $r = |z|$. 在此基础上, 下面几小节将对一次、二次曲线的方程进行一些相应的讨论.

2. 直线方程的复数形式

(1) **两点式**　如图 28, 设直线 l 过 Z_1, Z_2 两点, 而 Z 是 l 上任意给定的一点, 设点 Z_1, Z_2, Z 对应的复数分别为 z_1, z_2, z, 则可写出直线 l 的参数方程为

$$z = tz_1 + (1-t)z_2, \quad t \in \mathbf{R}. \tag{4.1}$$

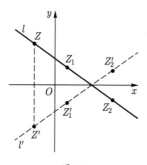

图 28

由于 z, z_1, z_2 三个复数对应的点分别为 Z, Z_1, Z_2, 则它们的共轭复数为 $\overline{z}, \overline{z_1}, \overline{z_2}$, 对应的复数点都在与直线 l 关于 x 轴对称的直线 l' 上, 从而

$$\frac{z - z_1}{z - z_2} = \frac{\overline{z} - \overline{z_1}}{\overline{z} - \overline{z_2}},$$

因此又可得到直线的普通方程为

$$(z - z_1)(\overline{z} - \overline{z_2}) - (\overline{z} - \overline{z_1})(z - z_2) = 0. \tag{4.2}$$

(2) **点斜式** 已知直线 l 过点 Z_1, 且其倾斜角为 α, 设点 Z_1 对应的复数为 z_1, 则其参数方程为

$$z = z_1 + te^{i\alpha}, \quad t \in \mathbf{R}. \tag{4.3}$$

(3) **法线式** 如图 29, 设直线 l 的法线与 x 轴成 θ 角, 且原点至直线 l 的距离为 p, 并设直线 l 交 x 轴及 y 轴分别于点 B 及 C, $OA \perp l$ 于点 A.

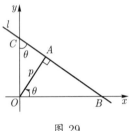

图 29

在直角 $\triangle AOC$ 中, $OA = p$, $OC = \dfrac{p}{\sin\theta}$. 同理, 在直角 $\triangle ABC$ 中,

$$OB = \frac{p}{\cos\theta}.$$

故点 $C\left(0, \dfrac{p}{\sin\theta}\right)$, 点 $B\left(\dfrac{p}{\cos\theta}, 0\right)$, 从而根据直线的截距式方程有

$$\frac{x}{\dfrac{p}{\cos\theta}} + \frac{y}{\dfrac{p}{\sin\theta}} = 1,$$

即

$$x \cos\theta + y \sin\theta = p. \qquad (4.4)$$

又由

$$e^{i\theta} = \cos\theta + i\sin\theta,$$
$$e^{-i\theta} = \cos\theta - i\sin\theta,$$

有

$$\begin{cases} \cos\theta = \dfrac{e^{i\theta} + e^{-i\theta}}{2}, \\ \sin\theta = \dfrac{e^{-i\theta} - e^{i\theta}}{2}i, \end{cases}$$

且

$$\begin{cases} x = \dfrac{z + \overline{z}}{2}, \\ y = \dfrac{\overline{z} - z}{2}i. \end{cases}$$

将其代入 (4.4) 式并化简, 可得直线 l 的法线式方程为

$$ze^{-i\theta} + \overline{z}e^{i\theta} = 2p. \qquad (4.5)$$

(4) **一般式** 若在直角坐标系下, 直线 l 的方程为

$$Ax + By + C = 0,$$

考虑到方程 $Ax + By + C = 0$ 中含有 x 及 y 两个

元, 设 $z = x + y\mathrm{i}$, 则 $\overline{z} = x - y\mathrm{i}$, 从而

$$\begin{cases} x = \dfrac{z + \overline{z}}{2} \\ y = \dfrac{\overline{z} - z}{2}\mathrm{i}, \end{cases}$$

将其代入 $Ax + By + C = 0$ 中, 得

$$A\frac{z + \overline{z}}{2} + B\frac{\overline{z} - z}{2}\mathrm{i} + C = 0,$$

即

$$A(z + \overline{z}) + B(\overline{z} - z)\mathrm{i} + 2C = 0,$$

化简得

$$(A - B\mathrm{i})z + (A + B\mathrm{i})\overline{z} + 2C = 0, \qquad (4.6)$$

或写为

$$\alpha z + \overline{\alpha}\,\overline{z} + 2C = 0, \qquad (4.7)$$

其中 $\alpha = A - B\mathrm{i}$ 为一复数.

例 1 求过点 $Z_1(1,2)$ 及 $Z_2(5,-3)$ 的直线方程.

解 设直线上动点 Z 对应的复数为 z, 且 $z = x + y\mathrm{i}$, 则由直线的参数方程 (4.1), 有

$$z = t(1 + 2\mathrm{i}) + (1 - t)(5 - 3\mathrm{i}), \quad t \in \mathbf{R},$$

即

$$\begin{cases} x = 5 - 4t, \\ y = 5t - 3, \end{cases} \quad t \text{ 为参数.}$$

例 2 试推导直线外一点到该直线的距离公式.

解 设直线 l 的法线式方程为

$$ze^{-i\theta} + \bar{z}e^{i\theta} - 2p = 0,$$

而直线 l 外一点为 Z_0, 其对应的复数为 z_0. 设点 Z_0 至 l 的距离为 d. 过点 Z_0 作直线 $l'//l$, 则平行直线 l' 的方程在如图 30 所示的情况为

$$ze^{-i\theta} + \bar{z}e^{i\theta} - 2(p+d) = 0.$$

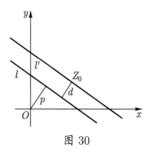

图 30

因为 l' 过点 Z_0, 故有

$$d = \frac{1}{2}(z_0 e^{-i\theta} + \overline{z_0}e^{i\theta} - 2p).$$

在如图 31 所示的情况, 直线 l' 的方程为

$$ze^{-i\theta} + \bar{z}e^{i\theta} - 2(p-d) = 0,$$

就有

$$d = -\frac{1}{2}(z_0 e^{-i\theta} + \overline{z_0} e^{i\theta} - 2p).$$

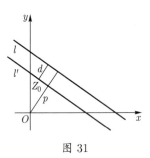

图 31

总之, 点 Z_0 到直线 l 的距离公式可统一写为

$$d = \frac{1}{2}|z_0 e^{-i\theta} + \overline{z_0} e^{i\theta} - 2p|.$$

利用直线方程的复数形式也可以讨论直线的其他
各种性质.

3. 圆及圆锥曲线方程的复数形式

(1) **圆的方程**　其参数形式为

$$z = z_0 + r e^{i\theta} \quad (r > 0), \tag{4.8}$$

其中 z_0 表示圆心所对应的复数, r 是圆的半径, θ
是参数. 而圆的一般方程为

$$(z - z_0)(\overline{z} - \overline{z_0}) = r^2. \tag{4.9}$$

(2) **圆锥曲线的统一方程** 与极坐标系类似, 采用复数的三角形式能很快地写出圆锥曲线的统一方程.

设一动点至一定点 F 与一定直线距离之比为常数 e, 求此动点 Z 的轨迹方程 (圆锥曲线的统一定义).

如图 32, 以定点 F 为原点, 与定直线平行的直线为 y 轴, 建立直角坐标系. 由题意, 设定点 F 到定直线 l 的距离为 p, 动点 Z 对应的复数为

$$z = r(\cos\theta + i\sin\theta),$$

其中 $r = |z|$, θ 是 z 的辐角, 则有

$$\frac{r}{r\cos\theta + p} = e,$$

即

$$r = \frac{ep}{1 - e\cos\theta}.$$

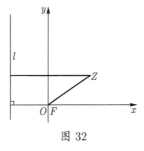

图 32

从而圆锥曲线的统一方程为

$$z = \frac{ep}{1 - e\cos\theta}\mathrm{e}^{\mathrm{i}\theta}. \qquad (4.10)$$

例 3 如图 33, 已知一动点到定点 $F_1(-c, 0)$ 及直线 $l : x = -\dfrac{a^2}{c}$ 的距离之比为 $e = \dfrac{c}{a}$, 求此动点 Z 的轨迹方程.

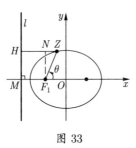

图 33

解 设 $\angle x F_1 Z = \theta$, $F_1 Z = r$, 则点 Z 的对应复数为

$$z = -c + r\mathrm{e}^{\mathrm{i}\theta},$$

设直线 l 与 x 轴交于点 M, 作 $ZH \perp l$ 于点 H, 作 $F_1 N \perp ZH$ 于点 N, 则

$$\frac{r}{ZH} = \frac{c}{a},$$

从而

$$ZH = \frac{ar}{c}.$$

又

$$F_1 M = \frac{a^2}{c} - c,$$

所以

$$ZN = |ZH - F_1 M| = \left| \frac{ar}{c} - \left(-c + \frac{a^2}{c} \right) \right|,$$

又

$$\frac{ZN}{r} = |\cos\theta|,$$

即

$$\frac{\left| \dfrac{ar}{c} - \left(-c + \dfrac{a^2}{c} \right) \right|}{r} = |\cos\theta|.$$

当 $\cos\theta \geqslant 0$ 时, 有

$$\frac{\dfrac{ar}{c} - \left(-c + \dfrac{a^2}{c} \right)}{r} = \cos\theta,$$

解得

$$r = \frac{\left(-c + \dfrac{a^2}{c} \right) \dfrac{c}{a}}{1 - \dfrac{c}{a}\cos\theta};$$

而当 $\cos\theta < 0$ 时, 有

$$\frac{-\dfrac{ar}{c} + \left(-c + \dfrac{a^2}{c} \right)}{r} = -\cos\theta,$$

仍可解得

$$r = \frac{\left(-c + \dfrac{a^2}{c}\right)\dfrac{c}{a}}{1 - \dfrac{c}{a}\cos\theta}.$$

综上所述

$$r = \frac{\left(-c + \dfrac{a^2}{c}\right)\dfrac{c}{a}}{1 - \dfrac{c}{a}\cos\theta},$$

于是

$$z = -c + \frac{\left(-c + \dfrac{a^2}{c}\right)\dfrac{c}{a}}{1 - \dfrac{c}{a}\cos\theta}e^{i\theta} = -c + \frac{b^2}{a - c\cos\theta}e^{i\theta},$$

其中

$$b^2 = a^2 - c^2.$$

设点 Z 的坐标为 (x, y), 则易知有

$$\begin{cases} x = a \cdot \dfrac{a\cos\theta - c}{a - c\cos\theta}, \\ y = b \cdot \dfrac{b\sin\theta}{a - c\cos\theta}. \end{cases}$$

注意到

$$\left(\frac{a\cos\theta - c}{a - c\cos\theta}\right)^2 + \left(\frac{b\sin\theta}{a - c\cos\theta}\right)^2$$

$$= \frac{a^2 \cos^2 \theta - 2ac \cos \theta + c^2 + (a^2 - c^2) \sin^2 \theta}{(a - c \cos \theta)^2}$$

$$= \frac{a^2 - 2ac \cos \theta + c^2 \cos^2 \theta}{(a - c \cos \theta)^2} = 1,$$

可设

$$\frac{a \cos \theta - c}{a - c \cos \theta} = \cos \varphi, \qquad \frac{b \sin \theta}{a - c \cos \theta} = \sin \varphi,$$

就得到轨迹的参数方程为

$$\begin{cases} x = a \cos \varphi, \\ y = b \sin \varphi, \end{cases} \quad \varphi \text{ 为参数}.$$

它是一个椭圆.

五、坐标系变换及二次曲线方程在坐标系旋转变换下的不变量

1. 坐标系的平移与旋转

（1）**坐标系的平移** 如图 34, 设点 Z 在原坐标系 xOy 中对应的复数为 $z = x + yi$, 在经平移后的新坐标系 $x'O'y'$ 中对应的复数为 $z' = x' + y'i$, 而新坐标系的原点 O' 在原坐标系中对应的复数为 $z_0 = h + ki$, 则有

$$z = z_0 + z' \quad \text{或} \quad z' = z - z_0. \qquad (5.1)$$

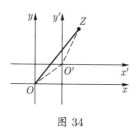

图 34

(2) **坐标系的旋转** 如图 35, 设点 Z 在原坐标系 xOy 中对应的复数为 $z = x + y\mathrm{i}$, 由原坐标系 xOy 旋转 θ 角得到新坐标系 $x'Oy'$, 而点 Z 在新坐标系中的复数为 $z' = x' + y'\mathrm{i}$, 则

$$z = z'\mathrm{e}^{\mathrm{i}\theta} \quad \text{或} \quad z' = z\mathrm{e}^{-\mathrm{i}\theta}. \qquad (5.2)$$

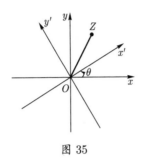

图 35

无论从推导方法或公式的形式上说, 复数形式的坐标系平移及旋转公式 (尤其是旋转公式) 比直角坐标系坐标变换公式要简洁得多, 在讨论有关的不变量时, 其优越性就更加明显.

2. 二次曲线方程的复数形式

设在平面 xOy 上, 二次曲线的方程为

$$Ax^2 + 2Bxy + Cy^2 + 2Dx + 2Ey + F = 0,$$

其中 A, B, C, D, E, F 为实常数, 且 A, B, C 不全为零.

设 $P(x, y)$ 是二次曲线上的一点, 其对应的复数为 $z = x + y\mathrm{i}$. 用 $\overline{z}$ 表示 z 的共轭复数, 即 $\overline{z} = x - y\mathrm{i}$, 就有

$$x = \frac{z + \overline{z}}{2}, \quad y = \frac{z - \overline{z}}{2\mathrm{i}}. \tag{5.3}$$

将其代入二次曲线的方程, 就得到

$$(A - C - 2B\mathrm{i})z^2 + 2(A + C)z\overline{z} + (A - C + 2B\mathrm{i})\overline{z}^2 +$$
$$4(D - E\mathrm{i})z + 4(D + E\mathrm{i})\overline{z} + 4F = 0. \tag{5.4}$$

记

$$\begin{aligned}
A - C - 2B\mathrm{i} = \alpha, \quad & A + C = \beta, \\
2(D - E\mathrm{i}) = \gamma, \quad & 4F = \delta,
\end{aligned} \tag{5.5}$$

(5.4) 式可写为

$$\alpha z^2 + 2\beta z\overline{z} + \overline{\alpha}\, \overline{z}^2 + 2\gamma z + 2\overline{\gamma}\, \overline{z} + \delta = 0, \quad (5.4)'$$

其中 α, γ 为复数, 而 β, δ 为实数. 并称其为二次曲线方程的复数形式.

3. 在坐标系旋转变换下二次曲线方程的变换规律

将 (5.4)$'$ 式中的 z 用 $z = z'\mathrm{e}^{\mathrm{i}\theta}$ 取代, 可得到

$$\alpha \mathrm{e}^{\mathrm{i}2\theta}z'^2 + 2\beta z'\overline{z'} + \overline{\alpha}\mathrm{e}^{-\mathrm{i}2\theta}\overline{z'}^2 + 2\gamma \mathrm{e}^{\mathrm{i}\theta}z' + 2\overline{\gamma}\mathrm{e}^{-\mathrm{i}\theta}\overline{z'} + \delta = 0.$$

设此二次曲线在 $x'Oy'$ 坐标系下的方程为

$$\alpha'z'^2 + 2\beta'z'\overline{z'} + \overline{\alpha'}\,\overline{z'}^2 + 2\gamma'z' + 2\overline{\gamma'}\,\overline{z'} + \delta' = 0,$$
$$(5.6)$$

就可得方程系数的变换关系是

$$\begin{aligned} \alpha' &= \alpha e^{i2\theta}, \quad \gamma' = \gamma e^{i\theta}, \\ \beta' &= \beta, \quad \delta' = \delta. \end{aligned} \qquad (5.7)$$

由此可知, 方程 (5.4)$'$ 中的系数 $\alpha, \beta, \gamma, \delta$ 可分为三类:

(1) α: 当坐标系旋转 θ 角时, 所对应的向量旋转 2θ 角, 而其模不变;

(2) γ: 当坐标系旋转 θ 角时, 所对应的向量旋转 θ 角, 而其模不变;

(3) β, δ: 在坐标系旋转变换下是不变的实数, 即为坐标系旋转变换下的不变量.

从变换公式 (5.7) 可以看出, 坐标系旋转变换下, 二次曲线方程的复数形式中系数的变换规律十分简明, 即 α 乘 $e^{i2\theta}$, γ 乘 $e^{i\theta}$, 而 β, δ 不变.

4. 二次曲线方程在坐标系旋转变换下的不变量

(1) 由前述可知, β 及 δ 是坐标系旋转变换下的不变量, 因此, 注意到 $\beta = A + C$ 及 $\delta = 4F$, 对在直角坐标系中的二次曲线方程来说, $A + C$ 及 F

均为坐标旋转变换下的不变量.

(2) 由于 $\alpha'\overline{\alpha'} = \alpha\mathrm{e}^{\mathrm{i}\theta}\overline{\alpha\mathrm{e}^{\mathrm{i}\theta}} = \alpha\overline{\alpha}$, 因此 $\alpha\overline{\alpha}$ 是坐标系旋转变换下的不变量. 由于

$$\alpha = A - C - 2B\mathrm{i},$$

故在直角坐标系下,

$$(A - C)^2 + (2B)^2 = (A - C)^2 + 4B^2$$

亦为坐标系旋转变换下的一个不变量.

(3) 同理, 由 $\gamma'\overline{\gamma'} = \gamma\mathrm{e}^{\mathrm{i}\theta}\overline{\gamma\mathrm{e}^{\mathrm{i}\theta}} = \gamma\overline{\gamma}$, 而 $\gamma = 2(D - E\mathrm{i})$, 故 $D^2 + E^2$ 是坐标系旋转变换下的一个不变量.

(4) 用类似的方法可以推得: 当 n 为整数时, $\alpha^n\overline{\alpha^n}, \gamma^n\overline{\gamma^n}, \alpha^n\overline{\gamma^{2n}}$ 等均为坐标系旋转变换下的不变量.

为了进一步研究二次曲线方程在坐标系旋转变换下的不变量, 这里简单地介绍二阶、三阶行列式的概念及其简单性质.

称 $\begin{vmatrix} a_{11} & a_{12} \\ a_{21} & a_{22} \end{vmatrix}$ 为二阶行列式, 其值为 $a_{11}a_{22} - a_{12}a_{21}$, 即

$$\begin{vmatrix} a_{11} & a_{12} \\ a_{21} & a_{22} \end{vmatrix} = a_{11}a_{22} - a_{12}a_{21}.$$

类似地, 称

$$\begin{vmatrix} a_{11} & a_{12} & a_{13} \\ a_{21} & a_{22} & a_{23} \\ a_{31} & a_{32} & a_{33} \end{vmatrix}$$

为三阶行列式, 其值为

$$a_{11}a_{22}a_{33} + a_{12}a_{23}a_{31} + a_{13}a_{21}a_{32} -$$
$$a_{13}a_{22}a_{31} - a_{11}a_{23}a_{32} - a_{12}a_{21}a_{33},$$

即

$$\begin{vmatrix} a_{11} & a_{12} & a_{13} \\ a_{21} & a_{22} & a_{23} \\ a_{31} & a_{32} & a_{33} \end{vmatrix} = a_{11}a_{22}a_{33} + a_{12}a_{23}a_{31} + a_{13}a_{21}a_{32} -$$

$$a_{13}a_{22}a_{31} - a_{11}a_{23}a_{32} - a_{12}a_{21}a_{33}.$$

行列式的简单性质如下:

性质 1 互换行列式中任意两行 (列), 行列式仅改变符号.

性质 2 如果行列式中有两行 (列) 对应的元相同, 则行列式为零.

性质 3 把行列式的某一行 (列) 的每个元同乘数 k, 等于以数 k 乘该行列式.

性质 4 以数 k 乘行列式的某行 (列) 的所有元, 然后加到另一行 (列) 的对应元上, 行列式的值不变.

利用行列式的性质, 可以继续讨论二次曲线方程在坐标系旋转变换下的不变量问题.

(5) 由 (5.7) 式, 有

$$\begin{vmatrix} \alpha' & \beta' \\ \beta' & \overline{\alpha'} \end{vmatrix} = \begin{vmatrix} \alpha e^{i2\theta} & \beta \\ \beta & \overline{\alpha}e^{-i2\theta} \end{vmatrix} = \begin{vmatrix} \alpha & \beta \\ \beta & \overline{\alpha} \end{vmatrix},$$

从而行列式 $\begin{vmatrix} \alpha & \beta \\ \beta & \overline{\alpha} \end{vmatrix}$ 也是坐标系旋转变换下的不变量. 在直角坐标下, 注意到 (5.5) 式, 有

$$\begin{vmatrix} \alpha & \beta \\ \beta & \overline{\alpha} \end{vmatrix} = \begin{vmatrix} A - C - 2Bi & A + C \\ A + C & A - C + 2Bi \end{vmatrix}$$

$$= -4 \begin{vmatrix} A & B \\ B & C \end{vmatrix},$$

故

$$\begin{vmatrix} A & B \\ B & C \end{vmatrix} = AC - B^2$$

也是一个不变量.

(6) 同理, 由 (5.7) 式, 利用三阶行列式的性质, 可得

$$\begin{vmatrix} \alpha' & \beta' & \gamma' \\ \beta' & \overline{\alpha'} & \overline{\gamma'} \\ \gamma' & \overline{\gamma'} & \delta' \end{vmatrix} = \begin{vmatrix} \alpha e^{i2\theta} & \beta & \gamma e^{i\theta} \\ \beta & \overline{\alpha}e^{-i2\theta} & \overline{\gamma}e^{-i\theta} \\ \gamma e^{i\theta} & \overline{\gamma}e^{-i\theta} & \delta \end{vmatrix}$$

$$\xlongequal[\mathrm{e}^{\mathrm{i}\theta}\mathrm{e}^{-\mathrm{i}\theta}=1]{\mathrm{e}^{\mathrm{i}2\theta}\mathrm{e}^{-\mathrm{i}2\theta}=1}\begin{vmatrix} \alpha & \beta & \gamma \\ \beta & \overline{\alpha} & \overline{\gamma} \\ \gamma & \overline{\gamma} & \delta \end{vmatrix}$$

也是坐标系旋转变换下的一个不变量.

由此还可以得到

$$\begin{vmatrix} \alpha & \beta & \gamma \\ \beta & \overline{\alpha} & \overline{\gamma} \\ \gamma & \overline{\gamma} & \delta \end{vmatrix} \xlongequal{(5.5)\,\text{式}} 4 \begin{vmatrix} A-C-2B\mathrm{i} & A+C & D-E\mathrm{i} \\ A+C & A-C+2B\mathrm{i} & D+E\mathrm{i} \\ D-E\mathrm{i} & D+E\mathrm{i} & F \end{vmatrix}$$

$$\xlongequal{c_1+c_2} 8 \begin{vmatrix} A-B\mathrm{i} & A+C & D-E\mathrm{i} \\ A+B\mathrm{i} & A-C+2B\mathrm{i} & D+E\mathrm{i} \\ D & D+E\mathrm{i} & F \end{vmatrix}$$

$$\xlongequal{r_1+r_2} 16 \begin{vmatrix} A & A+B\mathrm{i} & D \\ A+B\mathrm{i} & A-C+2B\mathrm{i} & D+E\mathrm{i} \\ D & D+E\mathrm{i} & F \end{vmatrix}$$

$$\xlongequal{c_2-c_1} 16 \begin{vmatrix} A & B\mathrm{i} & D \\ A+B\mathrm{i} & -C+B\mathrm{i} & D+E\mathrm{i} \\ D & E\mathrm{i} & F \end{vmatrix}$$

$$\xlongequal{r_2-r_1} 16 \begin{vmatrix} A & B\mathrm{i} & D \\ B\mathrm{i} & -C & E\mathrm{i} \\ D & E\mathrm{i} & F \end{vmatrix}$$

$$= 16 \begin{vmatrix} A & Bi & D \\ Bi & Ci^2 & Ei \\ D & Ei & F \end{vmatrix} = -16 \begin{vmatrix} A & B & D \\ B & C & E \\ D & E & F \end{vmatrix},$$

其中 c_1, c_2 分别表示行列式中的第一列和第二列, r_1, r_2 分别表示行列式中的第一行和第二行, 从而

行列式 $\begin{vmatrix} A & B & D \\ B & C & E \\ D & E & F \end{vmatrix}$ 也是坐标系旋转变换下的一个

不变量.

　　运用复数知识讨论二次曲线方程在坐标系旋转变换下的不变量比较简明, 而且用它来讨论二次曲线方程的化简、二次曲线的对称轴等问题也有其独到的方便之处.

参 考 文 献

[1] 项武义. 基础代数学 [M]. 北京: 人民教育出版社, 2004.

[2] 项武义. 基础几何学 [M]. 北京: 人民教育出版社, 2004.

[3] 彭玉芳, 尹福源, 沈亦一. 线性代数 [M]. 2 版. 北京: 高等教育出版社, 1999.

[4] 中华人民共和国教育部. 普通高中数学课程标准 (2017年版 2020 年修订)[M]. 北京: 人民教育出版社, 2020.

[5] 项武义. 几何学在文明中所扮演的角色: 纪念陈省身先生的辉煌几何人生 [M]. 北京: 高等教育出版社, 2009.

郑重声明

读者意见反馈

为收集对教材的意见建议，进一步完善教材编写并做好服务工作，读者可将对本教材的意见建议通过如下渠道反馈至我社。

咨询电话　400-810-0598
反馈邮箱　hepsci@pub.hep.cn
通信地址　北京市朝阳区惠新东街4号富盛大厦1座
　　　　　高等教育出版社理科事业部
邮政编码　100029